※「動物」の分類は、p.2～3に解説しています。

真核生物

核膜のある細胞が、1つまたはたくさん集まってできている生物。「原虫」や「ミドリムシ」「ゾウリムシ」のような単細胞生物から、カビや酵母、キノコをふくむ「菌類（真菌）」、「動物」「植物」までがふくまれる

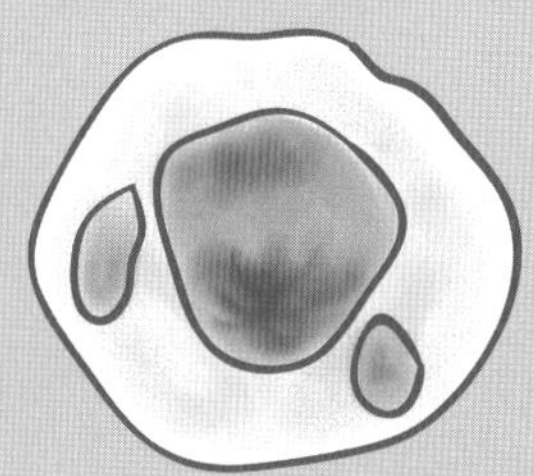

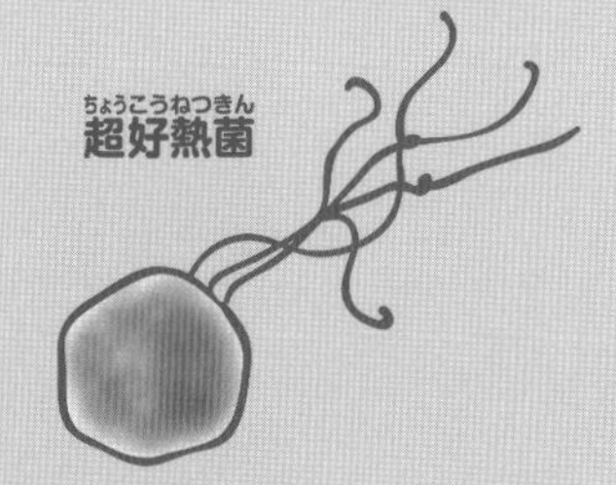

古細菌

「原核生物」で、「細菌」よりも「真核生物」に近いと考えられている。
地下深くの熱水の中や水深1万メートルの海底など、ヒトが住めない場所に多くくらしている

真核生物

原核生物

中田 兼介 著

ミネルヴァ書房

はじめに

動物ってなに？

生き物はすべて、遺伝子やタンパク質など生きていくために必要なものを膜でつつみこんだ細胞からできています。細胞はとても小さいことが多く、私たちの眼で見えるくらい大きな生き物のほとんどは、たくさんの細胞からできている「多細胞生物」です。そのなかで、太陽の光を使って光合成をおこない自分で栄養をつくることのできる生き物が「植物」で、ほかから栄養をとる生き物には、「動物」とキノコやカビなど「菌類（真菌）」がいます。

動物といってもすべてが活発に動きまわるわけではありません。サンゴやカイメンのように、私たちには動いているように見えない動物もたくさんいます。また、私たちヒトをふくむ「ほ乳類」だけが動物ではありません。

代表的な動物のグループには、クラゲやイソギンチャク、サンゴなどの「刺胞動物」、イカ、ナメクジ、貝といった「軟体動物」、エビやクモ、ムカデ、昆虫をふくむ「節足動物」、ミミズやゴカイといった「環形動物」、ウニやヒトデ、ナマコなどの「棘皮動物」などと、魚類、両生類、は虫類、鳥類、ほ乳類をふくむ「せきつい動物」があります。

地球上でいちばん多い動物は？

地球にどれくらいの種類の多細胞生物が住んでいるかはまだはっきりしていませんが、おおよそ数百万から数千万種の間だろうと考えられています。これまで人類が発見した約180万種の生き物のうち、種類の数がいちばん多いのは昆虫です。地球に住む生物のうち、おおよそ60％が昆虫で、せきつい動物は全部合わせてもわずか４％、ほ乳類だけだともっと少なくなります。そして私たちヒトはたったの１種類です。このため地球のことを「昆虫の惑星」と呼ぶ人もいます。

動物の分類

分類		特徴	例
刺胞動物		上から見るとまるいかたちをしている。消化をおこなう胃は行き止まりのふくろで、こう門はない	クラゲ、イソギンチャク、サンゴなど
軟体動物		体の外側にかたいからをもつ（イカ、タコ、ナメクジなど以外）	イカ、タコ、ナメクジ、カタツムリ、貝など
節足動物	昆虫類	頭部・胸部・腹部に分かれ、胸部に3対の脚をもつ	アリ、バッタ、チョウ、カブトムシなど
	甲殻類	甲殻と呼ばれる外骨格で体の表面がおおわれている	エビ、カニ、ザリガニ、ダンゴムシなど
	クモ類	体は頭胸部・腹部に分かれることが多く、頭胸部に4対の脚をもつ	クモ、ダニ、サソリ、カブトガニなど
	多足類	頭部・胴部に分かれ、胴部の節ごとに1～2対の脚をもつ	ムカデ、ヤスデなど
環形動物		体は細長く、多くの体節からなる	ミミズ、ゴカイ、ヒルなど
棘皮動物		海に住み、皮ふには骨板または骨片がある。外から取りこんだ海水が体の中をめぐる	ウニ、ヒトデ、ナマコなど
せきつい動物	魚類	ほとんどが水生で、エラ呼吸をおこなう。体はウロコでおおわれ、からのない卵※を水中に産む	コイ、メダカ、マグロ、サメなど
	両生類	ほとんどの種は、幼生ではエラ呼吸、成体では肺呼吸をおこなう。多くは、からのない卵を水中に産む	カエル、イモリ、サンショウウオなど
	は虫類	ほとんどの種は、表皮がかたくなったウロコでおおわれ、からのある卵を陸上に産む	トカゲ、ヘビ、カメ、ワニなど
	鳥類	ほとんどの種では、体は羽毛でおおわれ、くちばしとつばさをもつ。からのある卵を陸上に産む	スズメ、カラス、ツバメ、ハトなど
	ほ乳類	ほとんどの種には、体毛・歯がある。卵を体内でふ化させ、産まれた子を乳で育てる	ヒト、ライオン、ウシ、クジラなど

※大型でからをもつ「卵」は「たまご」と読むことが多いが、それ以外の「卵」もまとめてあつかう本書では、すべてを「らん」と表記します。

もくじ

この本の見方

この本は、動物のふしぎなくらしについて紹介・解説しています。第１章では「動物の一生」をテーマに、動物それぞれの生き方のふしぎを、第２章では「動物の社会」をテーマに、動物どうしの協力や争いのふしぎを、第３章では「動物と地球」をテーマに、地球上の生き物のふしぎなつながりを紹介・解説しています。

それぞれの章のはじめには、章のテーマをおりこんだ楽しいイラストを描いています。

わかりやすく見てもらうために、生き物たちの大きさは、実際の比率とは変えています。

それぞれの項目には、動物のふしぎなくらしの例をイラストで紹介しています。

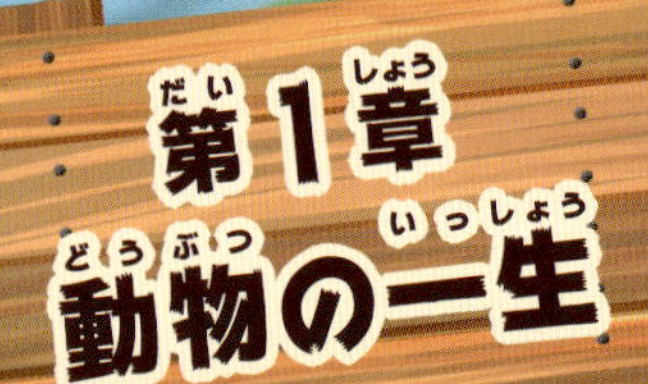

それぞれの生き方

動物は種類によって、食べ方や子の産み方、住む場所など、生き方がそれぞれちがいます。

動物たちのふしぎな一生

動物のくらし方はいろいろです。食べること1つとっても、植物を食べる、ほかの動物を食べる、いろんなエサを広く食べる、限られたエサしか食べないなどさまざまです。

エサから手に入れた栄養は、動物が小さい間は成長のために使われます。成熟して繁殖*できるようになると、つがい*相手を探したり、卵をつくったり、子育てのためにも栄養を使うようになります。体が大きくなると、卵をたくさん持つことができたり、争いに勝ちやすくなったり、エサをとりやすくなります。そのため動物は、まず栄養を成長にまわし、あとから繁

*繁殖：生き物が子をつくり産み育てて数を増やすこと

*つがい：動物が繁殖のためにつくる、オスとメス1匹ずつの組み合せ

殖します。こうすることで、長い目で見たときに、より多くの子を残せるのです。

しかし、大きくなるまでに、病気やほかの動物におそわれて死んでしまうこともあります。大きくなるだけ大きくなって、最後にたくさんの子を一度に産むのが良いとは限りません。ある程度大きくなったところで繁殖を始めて、何度も子を産む方が良い場合もあるのです。

また、厳しい環境や天敵*から身を守るために、巣をつくって住み場所にする動物もたくさんいます。第1章では、動物のふしぎな一生を見ていきましょう。

*ふ化：卵から子がかえること
*天敵：ある生物をエサにするなどして死にいたらしめる動物のこと

エサと食べ方

動物は食べるエサの種類や特徴に合わせて、
体のつくりや食べ方が決まってきます。

ウサギとキツネの消化管

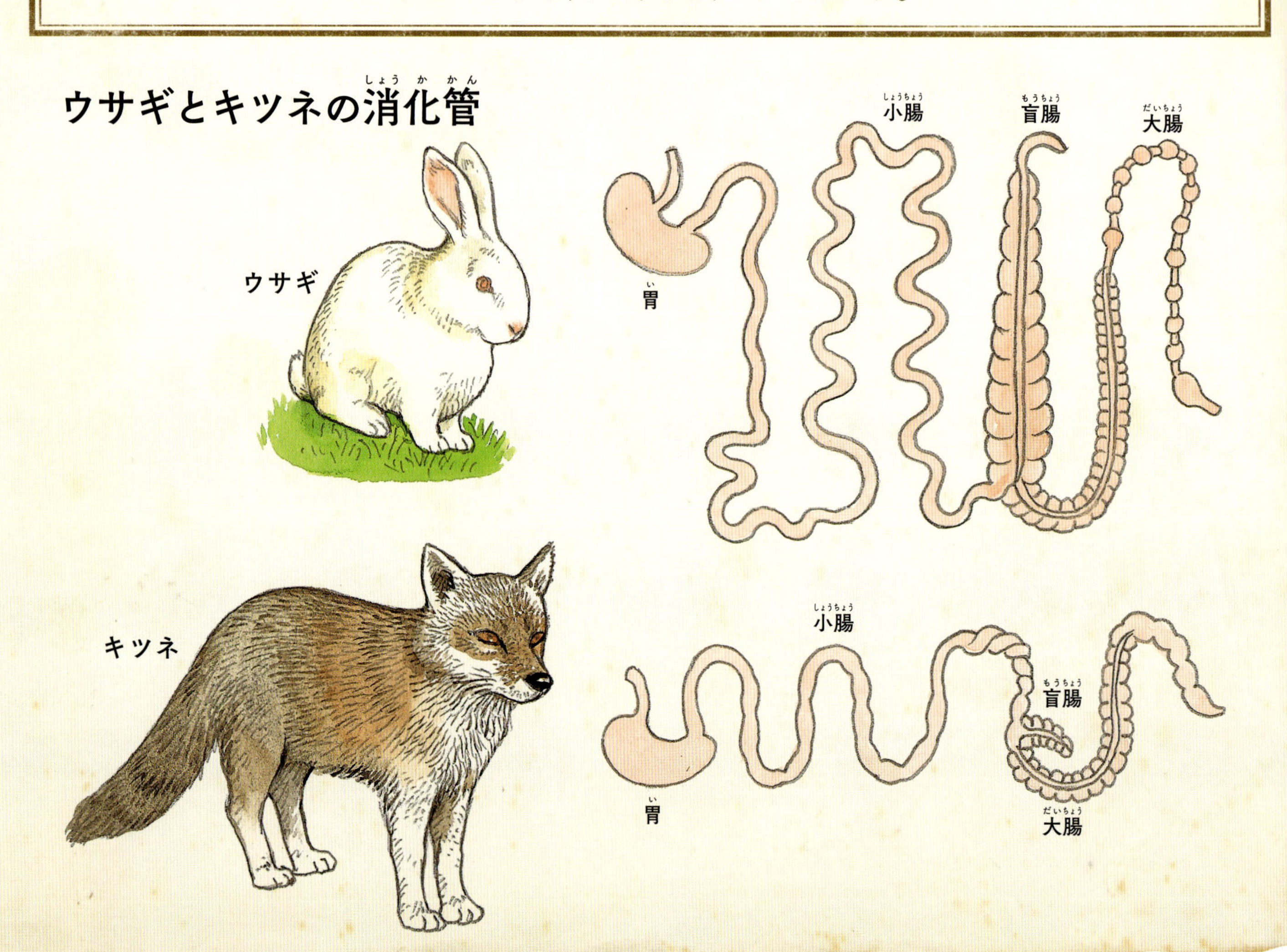

草食動物の消化のしくみ

植物の体には、動物にとって消化しにくい繊維質*などがたくさんふくまれています。このため、草食動物のなかには、シロアリやウシ、ウサギのように、腸や胃の中に微生物*を住まわせて消化を手伝わせるものがいます。また、草食のほ乳類は、消化に時間をかけられるように大きな胃*や長い腸*を持っています。たとえばウサギは、肉食に近い雑食動物のキツネと比べて腸が長いだけでなく、大きな盲腸*を持っています。そこでは、たくさんの微生物が繊維質を分解するはたらきをしています。

*繊維質：植物の体の一部をつくる繊維状の物質
*微生物：人間の眼では見ることができないくらい小さな生物
*胃・腸・盲腸：エサを細かくして吸収する場所。胃と腸はひとつながりの管で、盲腸はふくろになっている

決まったエサを食べる

キャベツの葉を食べる
モンシロチョウの幼虫

ニンジンの葉を食べる
キアゲハの幼虫

ミカンの葉を食べる
ナミアゲハの幼虫

エノキの葉を食べる
タマムシ

食べるためのテクニック

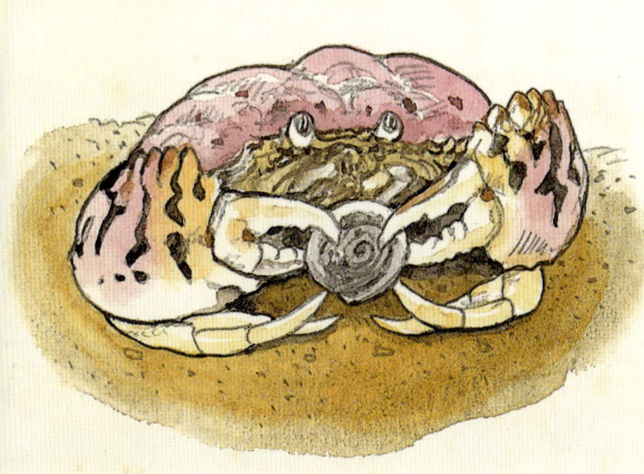

カラッパ（カニ）
大きく力強いハサミに備わったかたいツメで、貝のからを割って中身を食べる

ハチクマ（タカ）
細長いくちばしと足指でハチの巣板を引きずり出し、幼虫やさなぎをエサにする

ジンベイザメ（サメ）
エサのオキアミを海水ごと吸いこみ、エラを使ってこし取って食べる

エサの好みとテクニック

植物には、動物に食べられないように毒をつくり出すものがいます。草食の昆虫は毒を分解するしくみを備えていますが、多くの場合、自分の得意な植物しか食べません。植物の種類によって異なる毒のすべてを分解することはむずかしいからです。

エサが動物の場合、消化の問題はあまりありませんが、身を守ったりにげたりするエサをつかまえるためのテクニックが必要になります。

ジンベイザメやヒゲクジラ、フジツボなどは、水中の小さなプランクトンなどを食べてくらします。このようなエサは、エラや触手*などを使って水からこし取られます。この食べ方を「ろ過食」といい、ヒゲクジラはエサをかみ切るための歯を持っていません。

*触手：動物の体の前方につき出す、うで以外のやわらかくて細長いもの

産み育てる

動物が子孫を残すために産み育てる方法は、住む環境によって変わります。

イルカは1回の出産で1頭の子を産み、エサが食べられるようになるまで母乳で育てる

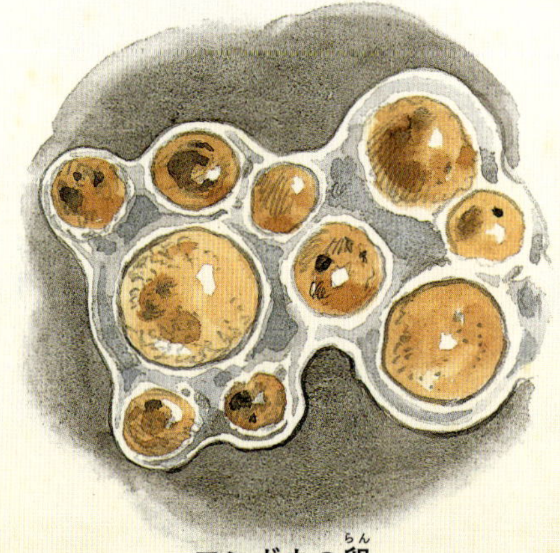

マンボウは一度に2～3億個の卵を産む。海中に放たれた卵を育てることはなく、ほとんどはほかの魚に食べられる

子を産み育てる2つの方法

動物が子孫*をたくさん残すための方法は、基本的に2つあります。1つは、たくさんの子を産むことで、もう1つは、手厚い子育てをおこなうことです。子育ては、直接エサをあたえたり世話をしたりするだけではありません。安全な場所に子を産むことや、大きな卵を産んで子にたっぷりの栄養をあたえることも、一種の子育てです。

母親が持つ栄養には限りがあるので、子をたくさん産むには、卵を小さくしたり子育てをあきらめたりしなくてはなりません。一方、卵を大きくしたり手厚い子育てをしようとしたりすると、少しの数しか産めません。動物は種類によって一度に産む子の数や子育ての程度がちがっています。住む環境によって、子を多く産むのと子育てのどちらが得か変わるからです。

*子孫：ある生物の血を受けついで生まれてきたもの

モリアオガエルは、メスが粘液をあわ立てて水中のような環境をつくり樹上で産卵する。そこに多数のオスが群がって受精をおこなう

タナゴは、長い産卵管を使ってドブガイなどの二枚貝に産卵する。産みつけられた卵は安全な貝の中でふ化する

アメンボは卵に寄生するハチをさけるため、窒息の危険をおかして水中にもぐり、水草に産卵する

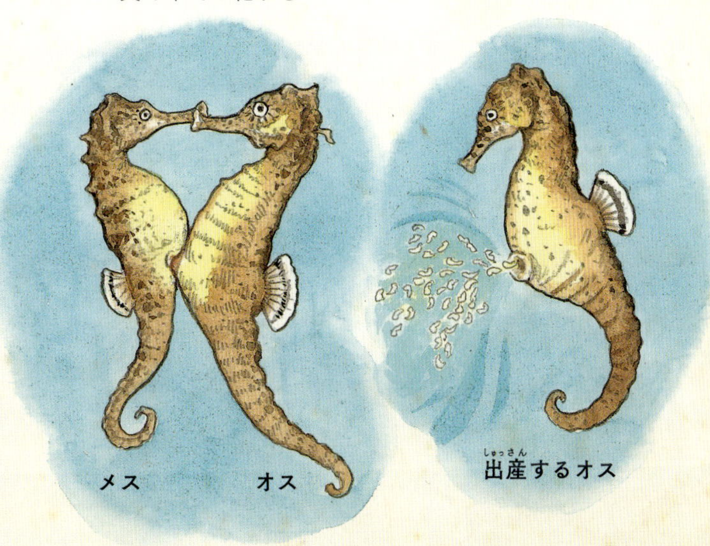

タツノオトシゴは、オスのおなかにある子育て用のふくろに卵を産み、オスはふくろの中でかえった子を「出産」する

いろいろな受精のしかた

動物が子を産むためには、オスがつくる精子*とメスがつくる卵*が出会って受精*する必要があります。私たちヒトをふくむほ乳類や鳥、は虫類、昆虫といった動物の多くは、オスがメスの体内に精子を送りこむことで受精します。

一方、水中に住む動物のなかには、受精する前の卵をメスが産んで、そこにオスが精子を放出し、体外で受精をおこなうものがいます。魚や両生類の多く、ウニやヒトデ、サンゴ、クラゲなどがその代表です。

また動物のなかには、卵や産まれたばかりの子を守るために、さまざまなくふうをおこなうものがいます。アメンボはハチから卵を守るために、息ができない水中にもぐって、命がけで水草に産卵するのです。

*精子・卵・受精：オスとメスが子に血を伝えるためにつくる細胞を精子と卵と呼び、2つが合体することを受精という

オトナへの道のり

1個の細胞からオトナになる成長のしかたは、
動物の種類によってさまざまです。

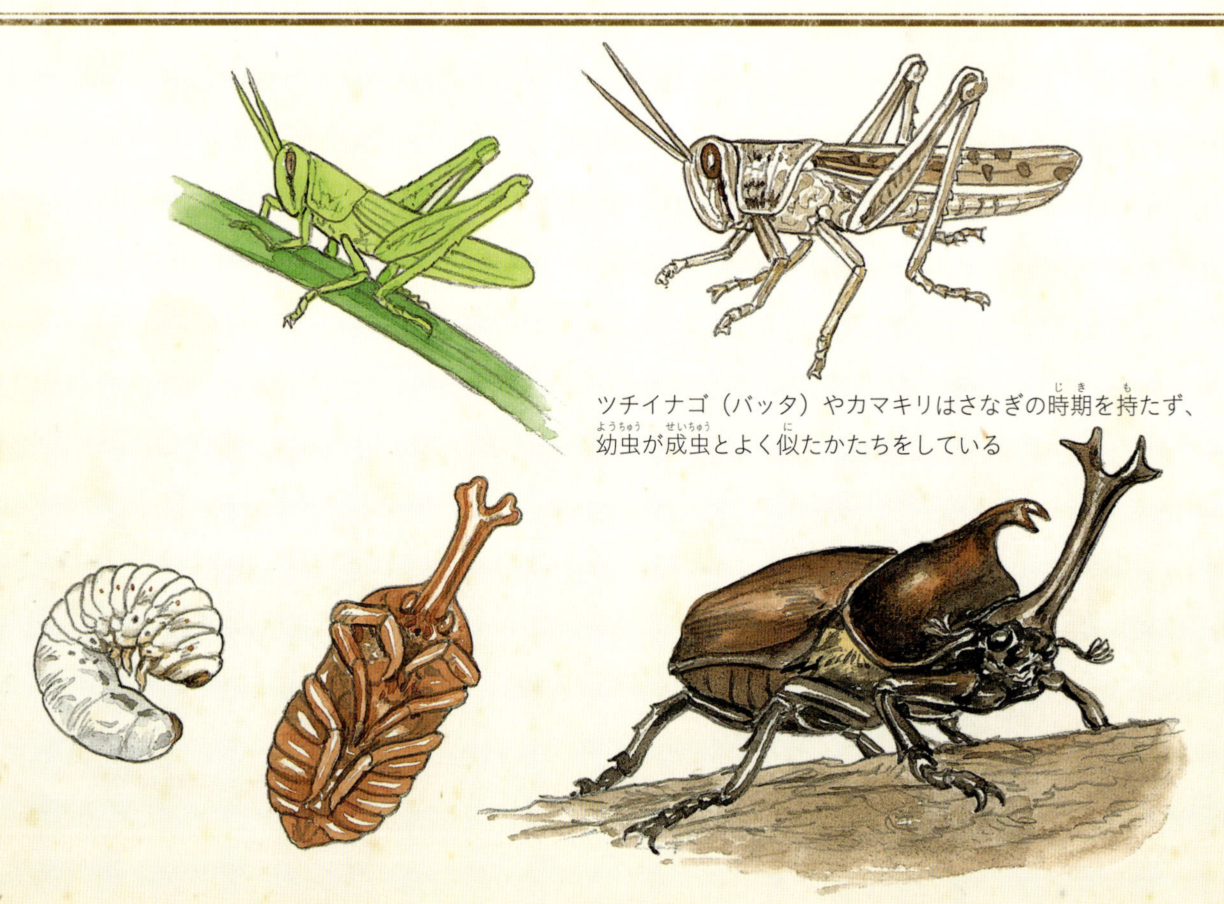

ツチイナゴ（バッタ）やカマキリはさなぎの時期を持たず、幼虫が成虫とよく似たかたちをしている

カブトムシやチョウはさなぎを経ることで、幼虫とは似ても似つかぬすがたの成虫になる

細胞から始まる動物の成長

たった1個の細胞からなる卵ですが、受精が終わると次つぎと分裂して数を増やしていきます。また細胞の種類も増え、それぞれの役目を持った組織*や器官*ができていき、動物の体は複雑なものになっていきます。成長は初めのころは卵にたくわえられた栄養を使って進みます。自分でエサを食べられるようになると、動物の体はしだいに大きくなります。成長にともないかたちを変える種類もいます。

体全体がかたい骨格*におおわれている昆虫やエビ、カニといった節足動物では、骨格が成長のじゃまになるので、脱皮*が欠かせません。節足動物は、脱皮直後の骨格がまだやわらかいうちに一気に体を大きくさせ、次の脱皮までは同じ大きさを保ちます。

*組織：いろいろな種類の細胞のうち、同じ種類の細胞が集まってできたもの
*器官：動物の体内で、いくつかの組織が集まって1つのはたらきをするもの
*骨格：内側や外側から動物の体を支え、かたちを保つかたい部分
*脱皮：骨格やウロコなど、体のかたい表面がはがれて脱ぎ捨てられること

タイセイヨウダラの稚魚は、腹部に卵黄をかかえている。成長して自分でエサをとるまでは、卵黄の栄養で育つ

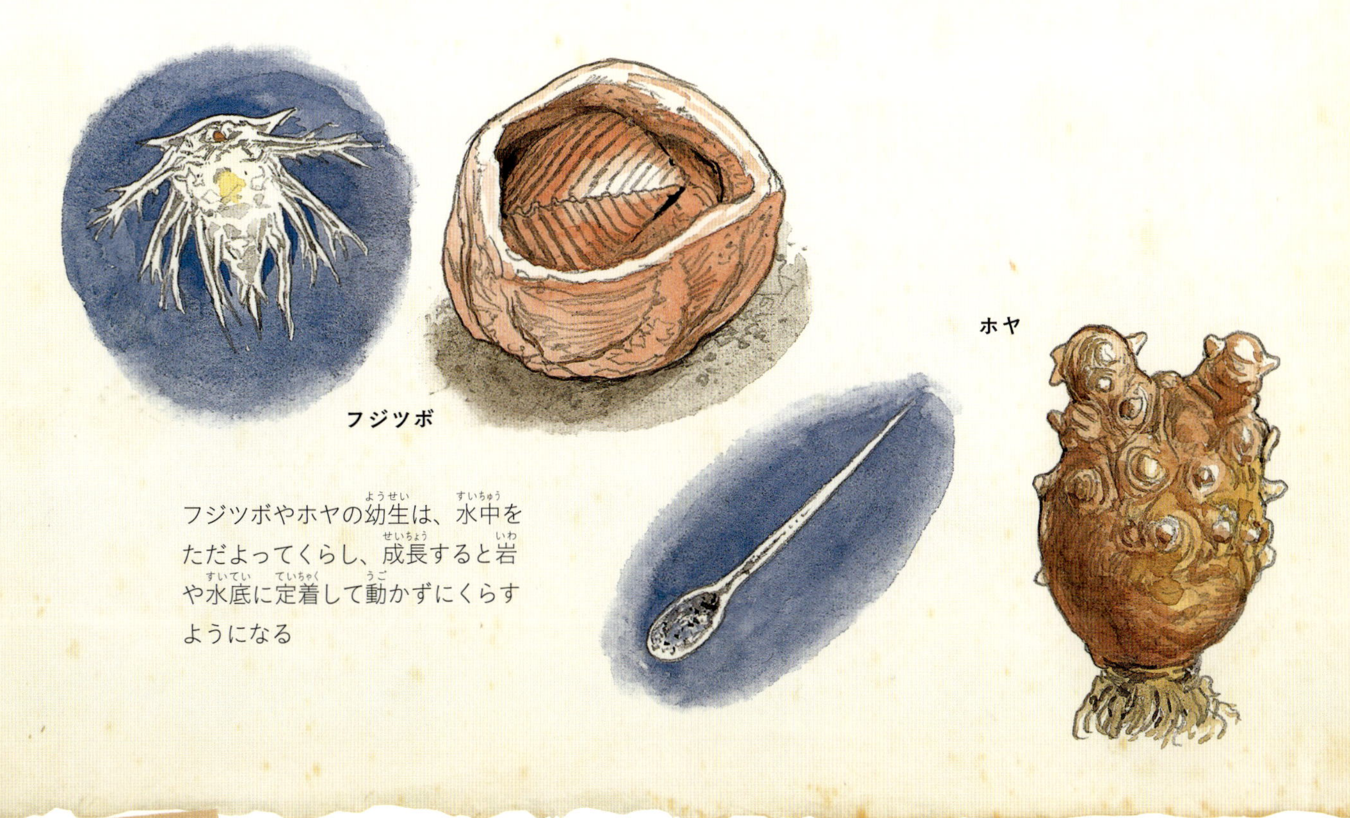

フジツボやホヤの幼生は、水中をただよってくらし、成長すると岩や水底に定着して動かずにくらすようになる

成長と体の変化

成体になり体が完成するのは、自ら子をつくれるようになったときです。ほ乳類や鳥、昆虫などは成体になると成長は止まり、それ以上体が大きくなることはありません。私たちヒトでは、子は体に対して大きな頭を持って生まれてきますが、頭と体で成長のスピードがちがうので、大きくなるにつれ体型が変わります。

一方、は虫類や両生類、魚、貝などは、スピードはゆるやかになりますが、成体になっても成長をつづけます。また、エビやカニ、貝、ウニやヒトデなどには、水中をただよってくらしている「幼生*」がいます。これら幼生は、成長して親と似たかたちになると、水底に生活場所を変えます。

*幼生：親とちがったかたちやくらし方をしている子。昆虫では特に「幼虫」と呼ぶ

動物の住まい

動物は種類によって住まい方が変わり、
巣やなわばりのはたらきも目的によって変わります。

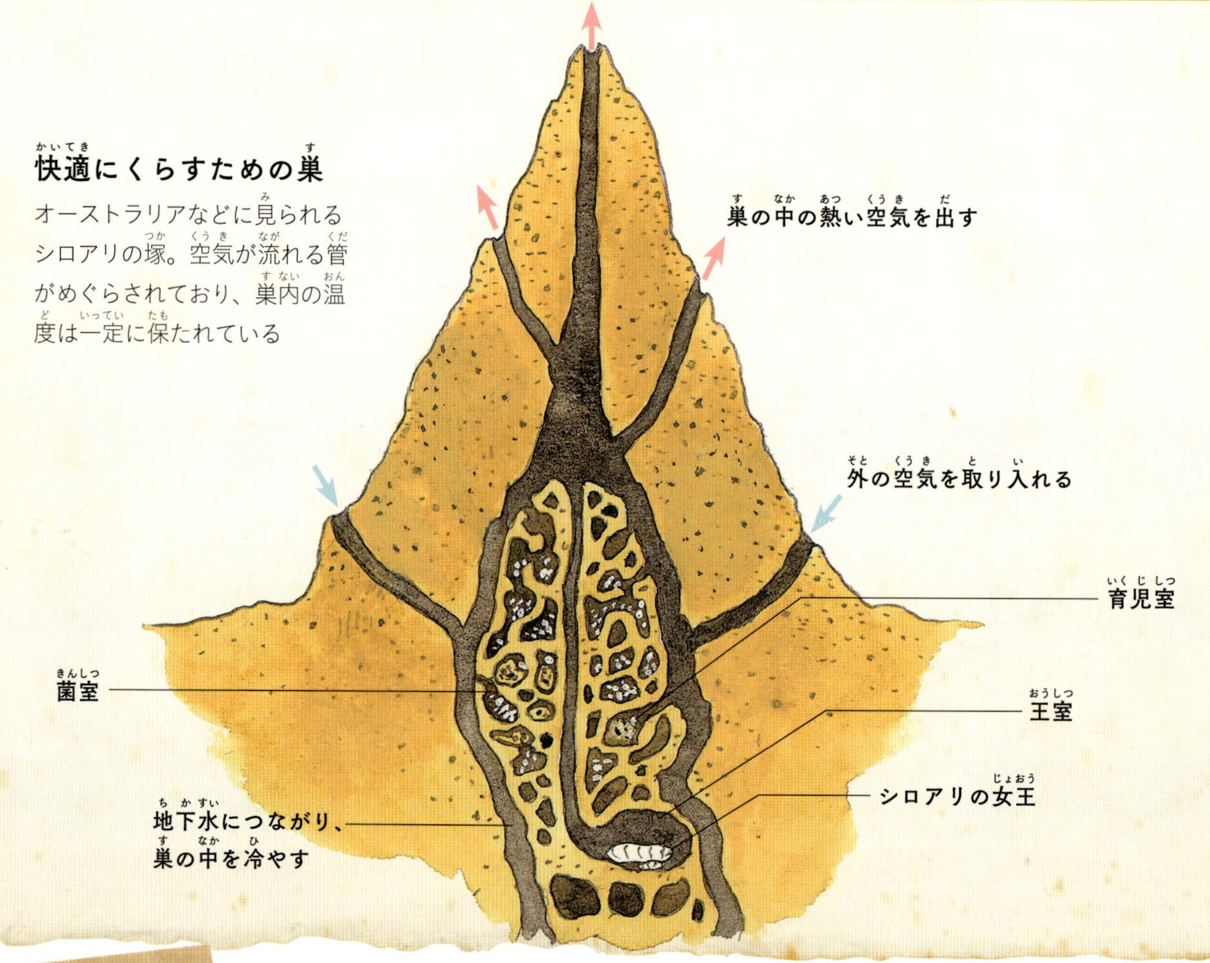

住まい方と巣のはたらき

動物には、巣やなわばりをかまえて定住するもの、わたり鳥のように2つ以上の住み場所を季節によって使い分けるもの、コウモリのようにねぐらとエサ場所の両方を持ち、行き来してくらすものなどがいます。また、定まった住まいを持たず広い地域を移動してくらすものもいますが、このような動物でも繁殖のときなどは、一時的に住まいをかまえる場合もあります。

巣には、自然にある穴などを利用する単純なものから、材料をつかって築き上げるような複雑なものまでさまざまなものが見られます。そして、巣のはたらきとしては、快適にくらす、身を守る、子育てをする、異性をひきつける、エサをとるなどが知られています。

子育てのための巣

アマミホシゾラフグは、砂地に複雑なもようをえがいて巣をつくり産卵する

異性をひきつけるための巣

ニワシドリのオスは、メスの気をひくように巣をかざり立て、それを見たメスがつがいになるかどうかを決める

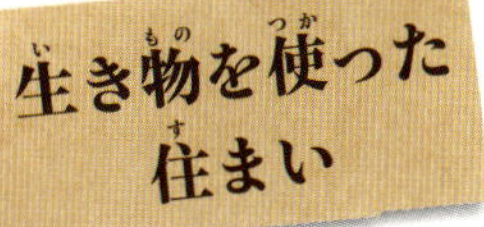

エサをとるための巣

アリジゴク（ウスバカゲロウの幼虫）は、砂地にすりばち状の穴をほって底にひそみ、穴に落ちこんだアリなどをとらえる

生き物を使った住まい

ウミガメのこうらの上でくらすカメフジツボ。クジラの皮ふにつくフジツボもいる

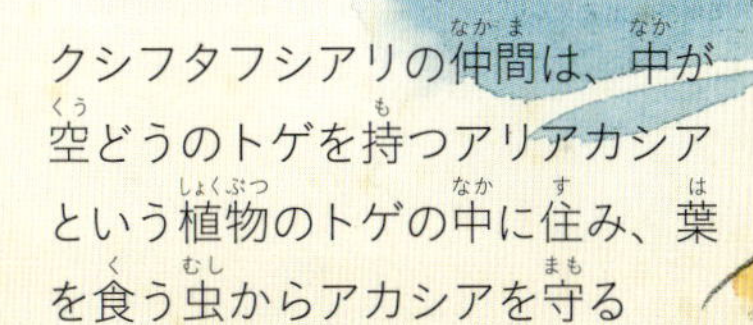

クシフタフシアリの仲間は、中が空どうのトゲを持つアリアカシアという植物のトゲの中に住み、葉を食う虫からアカシアを守る

生き物を使った住まい

生き物のなかには、ほかの動物に住まいを提供しているものがいます。シロアリの塚にはアリが同居していることがあり、ツバメの巣からはイガというガの幼虫が見つかっています。

また、生き物の体が直接住まいとして使われることもあります。なかには、ほかの動物に住んでもらうために、特別のしくみをつくり出した生き物もいます。このような動物は、住まいを提供してくれる生き物がいないとくらしていけません。

なわばりは、エサを独りじめするためや繁殖するためにつくられ、持ち主はほかの動物がなわばりに入ってこないようおどしたり、追いはらったりします。鳥のさえずりには、なわばりを守るためのものも見られます。

第2章 動物の社会

協力と争い

動物の社会には、
私たちから見てふしぎなことがたくさんあります。

オスアリの部屋

結婚飛行*に飛び立つまで待っている

卵の部屋

女王アリが産んだ卵は、はたらきアリが運んでくる

女王アリの部屋

はじめは自分で子育てをするが、巣が完成したあとは産卵に専念する

動物たちのふしぎなくらし

動物は、ほかの動物とさまざまな関わりをもってくらしています。同じ種類の動物の間では、くらしに必要なものが重なるため、しばしば争いがおきます。そのため、なわばりをつくってほかの動物を寄せつけないようにしたり、ケンカのために武器を備えたりする動物がいます。また、自分の力を大げさに見せて、激しいケンカになる前に争いを解決することもあります。

一方、同じ種類の個体*を受け入れ、「社会」をつくっていっしょにくらす動物もたくさんいます。社会には、母親と数匹の子からなる

*結婚飛行：アリの巣からハネを持ったオスと新女王があらわれ、つがい相手を探して飛び立つこと

*個体：1匹の動物のこと

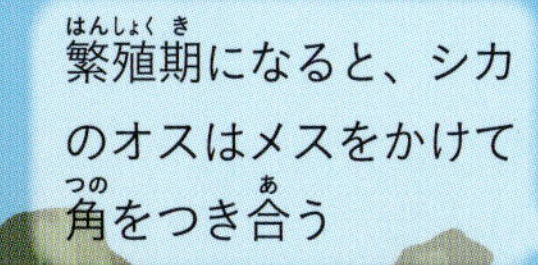

さなぎの部屋

幼虫が自分で糸をはいてつくったまゆの中で、アリのかたちをしたさなぎになっていく

幼虫の部屋

幼虫は、エサをはたらきアリから口移しでもらったり、直接エサにかじりついたりする

クロシジミ（チョウの仲間）の幼虫は、アリに似たニオイを出して、はたらきアリの世話を受ける

エサの部屋

はたらきアリが運びこむ。動物性のエサはくさりやすいので、すぐに食べてしまう

小さくて単純なものから、数万匹がいっしょにくらすアリやハチのように複雑なものまでさまざまなかたちがあります。

社会を持つと、1匹ではつくれない大きな巣をつくったり、協力して天敵から身を守ったりなど、良いことがいくつもあります。しかし、同じ社会の中でも争いは見られ、強いものと弱いものとで行動が変わってくる場合もあります。動物の集団では、争いと協力の間でいつも「つなひき」がおこっているのです。第２章では、動物のふしぎなくらしを見ていきましょう。

群れのメリット

動物が群れをつくるのは、天敵から身を守るなど、
さまざまな利点があるからです。

群れで身を守る

ダチョウは群れの中でバラバラに地面のエサをついばむ。こうすると、だれかは周囲を見て警戒していることになる

出会いのための群れ

キジオライチョウのオスは群れをつくってメスにアピールし、メスは気に入ったオスと繁殖する

群れで身を守り出会う

動物は、群れをつくると天敵から身を守るときに有利になることがあります。まわりを警戒するときに、１個体だと死角*があるような場合でも、たくさんの個体でおたがいを補えば、気づかないうちに天敵に近づかれずにすむでしょう。群れが大きければ、一部の個体に警戒をまかせて、ほかの個体はエサ集めなどをすることもできます。また、天敵におそわれたときに、自分以外のだれかがつかまることで自分が助かるという「うすめの効果」も期待できます。

繁殖のために一時的な群れがつくられる場合もあります。つがいをつくるためにはオスとメスが出会う必要がありますが、多くの個体が１か所に集まれば、出会いやすくなるからです。

*死角：動物にとって見えない方向

群れで狩りをする

シャチの群れが、ならんで泳ぐことでつくり出した波をぶつけて、氷の上のアザラシを落として食べるところが見つかった

順位のない群れ

イワシの群れは、全体が自然にまとまって行動すると考えられている

群れの中の順位

オオカミのあいさつ行動。下位のオオカミは地面にねころび腹を見せ、上位のオオカミはその上にのしかかる（左）。下位のオオカミは姿勢を低くして耳と尾を下げ、上位のオオカミに従う意思を示す（右）

群れの中の順位

群れの仲間の間で強い弱いが決まっていると、それぞれの個体は自分の順位にあった行動をすることがあります。集団で狩りをするオオカミは、うまく狩りをするために常に群れの中で自分の順位を確認する必要があります。そのためオオカミは、あいさつ行動や服従*の意思を示す姿勢といった確認のための行動を発達させています。

一方、イワシやムクドリでは、何千何万もの個体が群れをなすことがあります。このような群れではリーダーになるような動物はおらず、それぞれの個体が近くの個体に合わせてふるまうだけで、群れ全体が自然にまとまっていき、1つになって行動できると考えられています。

*服従：相手にしたがうこと

ケンカ

動物はさまざまな理由でケンカをしますが、
傷つかないために、ケンカをさけるくふうもしています。

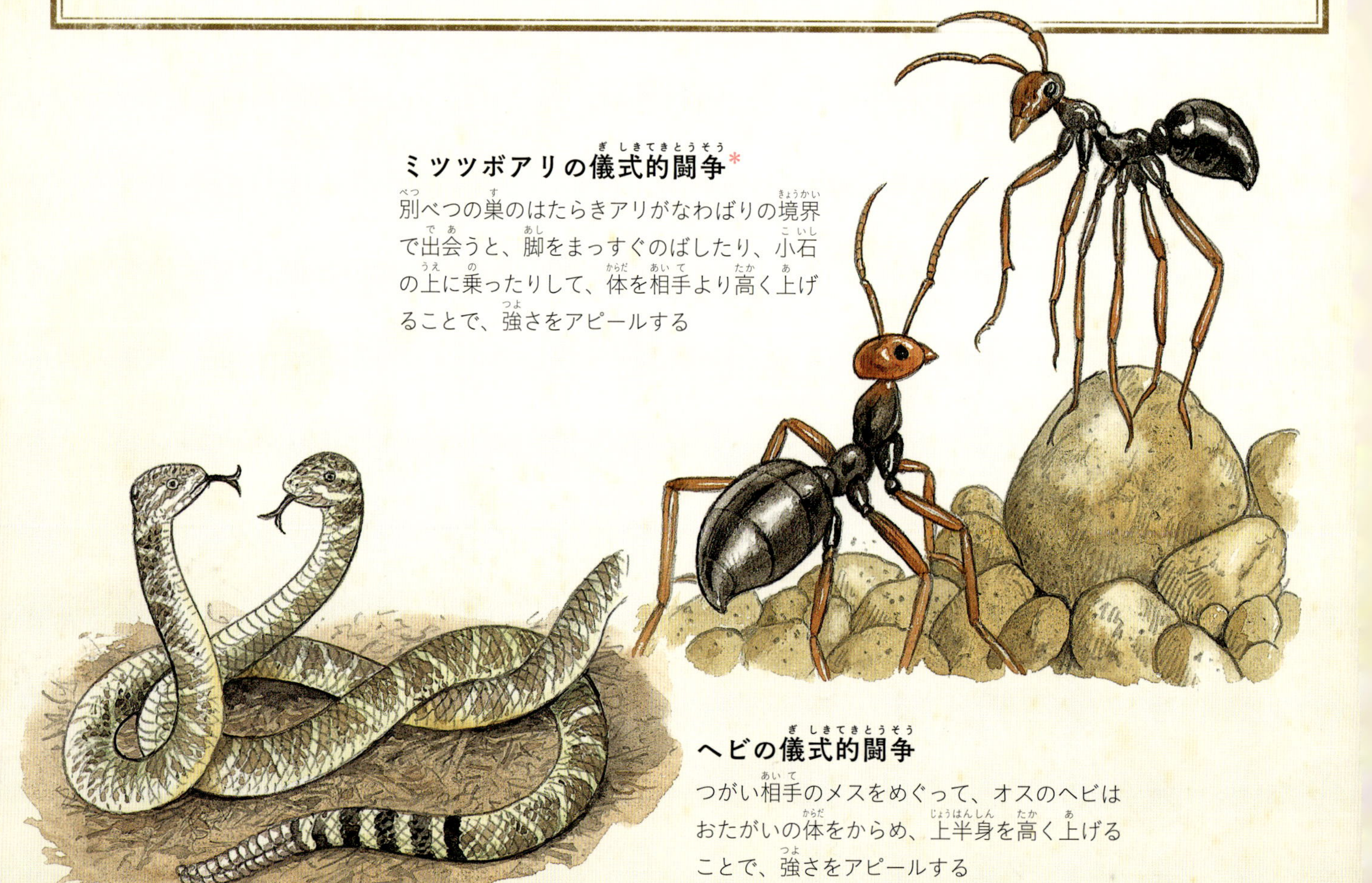

ミツツボアリの儀式的闘争*

別べつの巣のはたらきアリがなわばりの境界で出会うと、脚をまっすぐのばしたり、小石の上に乗ったりして、体を相手より高く上げることで、強さをアピールする

ヘビの儀式的闘争

つがい相手のメスをめぐって、オスのヘビはおたがいの体をからめ、上半身を高く上げることで、強さをアピールする

ケンカの前にアピール合戦

なわばりを守ったり、群れの中での順位を決めたり、つがい相手を手に入れるために、動物はしばしば争います。しかし、弱いものが強いものにケンカをいどんでも、勝てる可能性はあまりありません。また、強いものも、ケガなどをするおそれがあり、ケンカが得になるとはかぎりません。

そのために多くの動物では、傷を負うことをさけて争いを解決するために、まずおたがいの強さをアピールしあいます。相手を傷つけることのないこのたたかいで、どちらが強いのかはっきりさせることができれば、弱い方が引き下がり、これ以上の争いにはなりません。

*儀式的闘争：自分の強さをアピールするためにおこなう、種類によって決まったやり方を用いたケンカ

ヒメシオマネキのケンカ

シオマネキのオスは、片方の大きなハサミを組んで、力比べをして争う

ベタのケンカ

魚は、ヒレを広げ自分の側面を相手に見せつけることでケンカをする

カエルのケンカ

鳴き声でケンカするカエルでは、低い声で鳴くものが強い

シュモクバエのケンカ

長い目がつき出すシュモクバエのオスは、前脚を横に大きく広げ、目の長さを比べることで争う

ケンカに勝つために

強さが同じくらいで、アピール合戦では決着がつかないときに、初めて実際のケンカに移ります。また、争うものの価値が高い場合にも実際のケンカになる可能性が高くなります。

ケンカの勝ち負けを決める上で重要なのは、体の大きさです。でも小さいからといって、いつも負けるわけではありません。なわばりの持ち主がよそ者より強いことはよく知られています。また、争うものの価値を理解している方が勝つ可能性が高いことがわかっています。チンパンジーのように、弱いものがまとまって強い個体とたたかい、勝った例も知られています。

家族と子育て

動物には、オス・メスの関係と子育ての役割において、
いくつかのパターンがあります。

霊長類*の家族

ゴリラ

家族は一夫多妻で、大人のオスはメスより体が大きく、背中が白い

シロテナガザル

家族でなわばりをつくってくらす。一夫一妻で、家族は１匹の大人オスと１匹の大人メス、子どもからなる

ボノボ

家族はたくさんのオスとたくさんのメスからなり、大人になったメスは群れから出て行くが、オスは生まれた群れにとどまる

オス・メスの関係

動物は、つがい関係がどのようなものか、子を育てるのか育てないのか、育てる場合だれがその役割をおこなうのかによって家族のあり方が決まってきます。

つがい関係のおもなものには、１匹のオスと１匹のメスからなるもの（一夫一妻）、１匹のオスが２匹以上のメスとつがいになるもの（一夫多妻）、たくさんのオスとたくさんのメスからなるものがあります。１匹のメスが２匹以上のオスとつがいになるもの（一妻多夫）はコバシチドリなどがいますが、多くありません。

＊霊長類：ほ乳類の1つのグループで、ほかの指と向かい合う親指をもつ。サル目ともいい、ヒトをふくむ類人猿もその仲間

いろいろな動物の家族

エサキモンキツノカメムシ

メスがおおいかぶさるようにして卵を守る。メスの保護は、卵から子がかえって一度脱皮するまでつづく

イノシシ

交尾*した後のオス・メスは、バラバラに行動する。母親が育てた子は、成長すると親元を離れていく

オナガ

オナガの群れには「ヘルパー」が見られる。ヘルパーは、大人になった個体が親元にとどまってなる場合と、自分の繁殖が終わったオナガがなる場合がある

オシドリ

鳥の多くは一夫一妻で協力して子育てするが、オシドリのメスは、つがい相手以外のオスとも交尾をして卵を産んでいることがわかってきた

キンセンイシモチ

魚のなかには卵を口の中で育てる種類がいる。キンセンイシモチでは、口内保育はオスの役目で、子がかえるまでオスはエサを食べることができない

子育ての役割

昆虫など、せきつい動物以外の動物には、子を産みっぱなしにする種類が多く見られますが、卵や子を守る種類もいます。子育てをする動物のなかで、ほ乳類ではメスの役割が大きく、母子だけで家族をつくる場合も多く見られます。

一方で、鳥やヒトはオス・メスともに子育てをしますし、魚にはオスがおもに子育てをする種類が多く見られます。鳥やほ乳類で子育てにかかる労力が大きい種類では、育った子が成体になった後も親元にとどまるなどして、ほかの個体の子の世話を助けるものがいます。このような役割をする個体のことを「ヘルパー」と呼びます。

*交尾：繁殖のときに、オスがメスに精子をわたすために腹部をあわせること

アリやハチの社会

アリや一部のハチは、多くの個体が集団でくらし、
複雑で高度な社会をつくります。

アリの女王

成虫になったときはハネがあるが、巣をかまえて最初の卵を産み育てるときに、自分で落とす。オスからの精子を「受精のう」という器官に長い間ためて、たくさんの卵を産むことができる

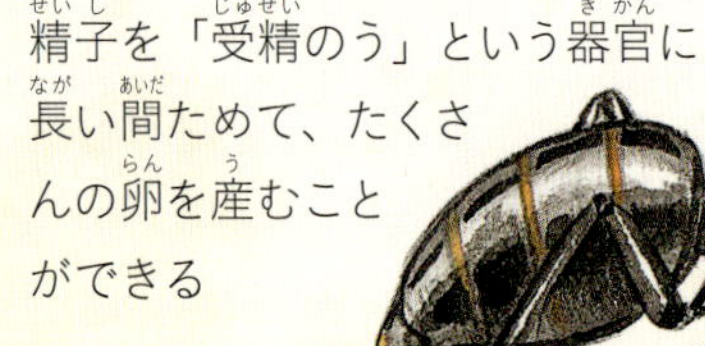

大きさ・かたちの異なるはたらきアリ

メスの成虫で、大きさやかたちは仕事の種類によってちがうことがある。また、はたらきアリになってからの日数でも仕事は異なり、最初は巣の中ではたらき、後にエサ集めで巣の外に出るなど危険な仕事をする

産卵中の女王と卵

女王は卵を受精させるかどうかで、オスとメスを産み分けることができる。受精した卵は成長するとメスになり、はたらきアリまたは女王として育つ。一方、受精していない卵は成長してオスになる

はたらきアリが世話する幼虫

幼虫はイモ虫のような形をしており、自分でエサを見つけたり動きまわったりすることができない。はたらきアリが世話をして生きている

ハネのあるオスアリ

ハネがあり、新女王と交尾するために飛び立つまでは、コロニーの仕事は何もせず、巣の中でじっとしている。新女王との交尾が終わると死ぬ

複雑で高度なアリの社会

すべてのアリは、多いものでは数十万もの個体が集団でくらす「真社会性*」の昆虫です。卵から生まれ、幼虫・さなぎを経て成虫になる「完全変態」と呼ばれるかたちの成長をします。ハチ目に属しており、原始的なアリのなかには腹部に針をもつものがいます。

卵を産むのが役割の女王アリと、女王の娘で産卵能力を失い、妹・弟を育てるのが役割のはたらきアリというように、繁殖に関する役割が集団の中で分かれています。はたらきアリはメスの成虫で、卵や幼虫・さなぎの世話のほか、エサ集めや巣の整備などの仕事を手分けしておこなっています。オスアリは交尾の時期がくるまで巣の中でじっとしています。

*真社会性：群れで子育てし、親子が同居し、産卵するものとしないものがいる社会

コガタスズメバチの1年

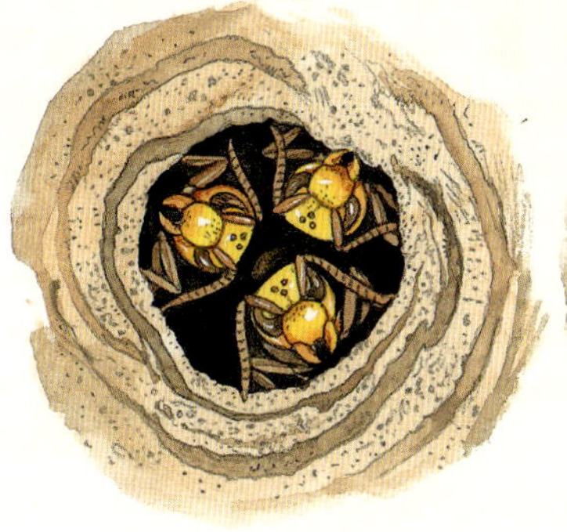

❶女王の目覚め
前年の秋に成虫になり冬を越した女王バチは、春になると目覚める

❷女王の巣づくり
最初のはたらきバチが成虫になるまでの間、女王は巣づくりから子育てまでを1匹でおこなう

❸はたらきバチの仕事
巣を大きくしたり、幼虫の世話をしたりする。秋になると役目を終え死ぬ

❹次の世代へ
秋になると、新女王とオスバチは結婚飛行に飛び立つ。巣の外で交尾したあとオスバチは死に、新女王は木の割れ目などで冬を越す

コガタスズメバチの巣

民家の軒下や樹木が生いしげった空間などにつくられる。ボール状の外皮につつまれ、内部は巣盤が何段にもなっている

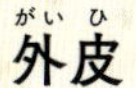

外皮
はたらきバチが樹皮をかじり取ったものを、だ液と混ぜてつくる。いろいろなところから材料を集めてくるため、表面には貝がらのようなもようができる

巣盤
六角形の育房*がきれいにならび、子育てに利用される。幼虫はフンをせず、さなぎになる直前に1回まとめてするので、育房の奥には黒いフンの固まりが見られる

アリやハチ社会のしくみ

アリやハチの社会（コロニー）は新しく生まれた女王によってつくられます。この女王は、時期がくると生まれた巣から飛び立ち、ほかの巣から飛び立ったオスと交尾します。交尾が終わった新女王は、巣を構えて最初の卵を産み、自分で育てます。卵が幼虫からさなぎになって最初のはたらきアリ（ハチ）がう化*してくると、女王は産卵に専念するようになります。コロニーを大きくするために、卵は最初、はたらきアリ（ハチ）として育てられます。はたらき手が十分増えてくると、新しいコロニーが増えるよう、はたらきアリ（ハチ）の妹・弟である新女王とオスがあらわれ、時期がくると結婚飛行に飛び立ちます。

*う化：昆虫が幼虫またはさなぎから成虫になること

*育房：ハチの卵が産みつけられ、その中で幼虫が成虫になるまで育つ小部屋

仲間を見分ける

群れや社会の中で、
仲間や家族を見分けるための能力が備わった動物がいます。

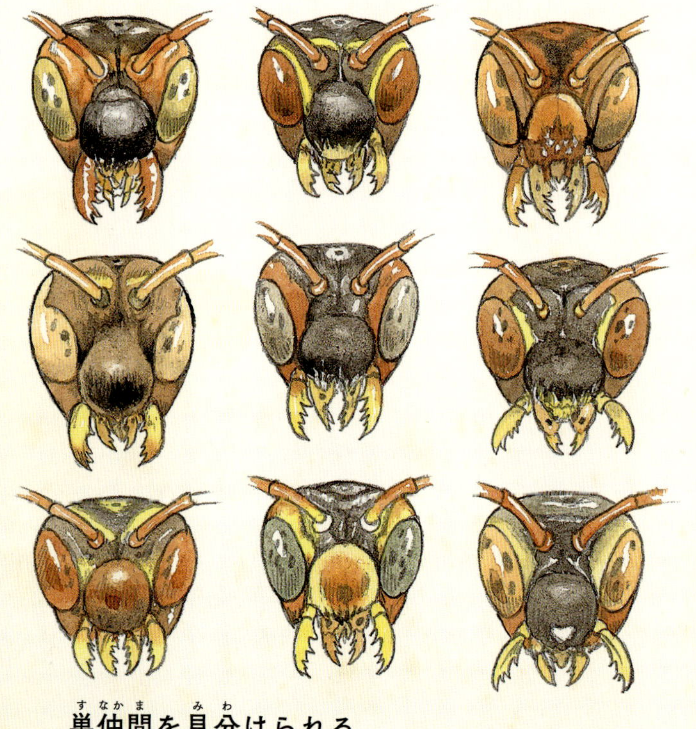

巣仲間を見分けられる

アシナガバチの一種、ポリステス・フスカツスは複雑な社会を持ち、顔のもようと触角を手がかりに巣の仲間の１匹１匹を見分けることができる

顔見知りを見分けられる

アフリカのカワスズメの一種、ネオランプロローグス・プルチャーは、なわばりをつくってくらす魚で、個体によって異なる顔のもようを手がかりに１匹１匹を見分けている

群れや社会を保つ能力

動物にとって、群れや社会といった集団でのくらしには良いことが多いのですが、負担もあります。たとえば、天敵を警戒している間、その個体はエサが食べられません。天敵への警戒をまったくしない個体が集団にいると、警戒する役目の個体の負担が増え、エサを十分手に入れられなくなります。

このように、集団生活の負担をさけようとする「ただ乗り」個体が群れや社会の中にいると、それ以外の個体にとって集団に参加するメリットが失われてしまうでしょう。もし１匹でくらすメリットの方が大きいのであれば、群れや社会を保つことがむずかしくなるでしょう。

エナガの「ヘルパー」は、血のつながりのある家族を助ける。自分を育ててくれた鳥の鳴き声を学習しており、出会った個体が家族かどうかを、鳴き声を聞き分けて判断している

家族を見分ける

触角で相手の「におい」を確かめているカタアリの一種。家族でくらすアリは、ほかの個体と出会うと、おたがいの体の表面をおおっているワックスの「におい」を触角で感じとり、同じ巣の仲間かどうかを見分けることができる

つがいでなわばりを守るミスジチョウチョウウオは、ほかの魚が近づいてくると、頭を下げたり、体の横を見せつけたりする。この行動はつがい相手が近づくときにも見られ、つがい相手を見分けるための時間かせぎと考えられる

個体や仲間を見分ける意味

ただ乗り個体を見分けられれば、負担を負うようはたらきかけたり、ただ乗り個体のいる集団をさけたりすることができると考えられます。また、群れや社会の中で、順位や役割分担がある動物では、相手に合わせたふるまいをしなくてはならない場合があります。こういう動物にとっても、個体を見分ける能力は重要です。

個体を見分ける能力は、集団でくらさない動物にもメリットがあります。なわばりを持つ動物は、自分のなわばりに近づいてきた個体を攻撃して追いはらう必要があります。しかし、近づいてきた個体が、顔見知りの個体だとわかれば、むだな争いをする必要がなくなります。

動物の群れや社会には、家族を基本とするものがたくさんあります。1匹1匹を見分けることができなくても、同じ家族のメンバーかどうかを見分けられれば十分な場合もあります。

第3章 動物と地球

生き物のつながり

生き物たちは、おたがいに影響しあう「つながり」のなかで生きています。

生き物のつながりでおおわれた地球

動物は、ほかの生き物やその死がいをエサにしています。ある生き物を食べる動物は、自分もほかの動物に食べられます。こうして多くの種類の動物の間には「つながり」が生まれます。

生き物たちは直接食べたり食べられたりしなくても、おたがいに影響しあいます。たとえば、同じエサを食べる2種類の動物の関係では、一方の種類が数を増やすと、もう一方はエサを手に入れにくくなって数を減らすでしょう。

ちがう種類の生き物のつながりには、相手が

*藻類：光合成をする生き物から複雑な体をもつ植物をのぞいたもの。単細胞のものと、海藻のような多細胞のものがある

サワガニやバッタ、ミミズなどは、それぞれ藻類や草、落ち葉を食べ、カワセミやルリビタキ、モグラなどに食べられる。そしてこれら小型の鳥やほ乳類は、クマタカやキツネのような大きくて広い範囲を動きまわる動物のエサになる

いることで自分が得になるようなものもあります。たとえば、花がさくことでハチはエサを手に入れることができますし、ハチのおかげで花粉が運ばれ、植物は種をつけることができます。

地球にはたくさんの種類の生き物が住んでおり、そのつながりがあみの目のように全体をおおっています。このため、1種類の生き物におきた変化が、思わぬところに影響することがあるのです。第3章では、生き物のふしぎなつながりを見ていきましょう。

食い食われてつながる

生き物の食う食われるのつながりで、
自然のようすがかたちづくられていきます。

段階ごとの生き物すべてを合わせ重さを横はばであらわすと、上に行くほどはばが小さいピラミッド型になる

⑤オオタカなど

活動に使われるエネルギー

④ヘビ・カラスなど

③イモリ・スズメ・カエルなど

②昆虫など

①植物

太陽の光

動物のフンや死がいは微生物に分解される

生態系ピラミッド

動物はほかの生き物をエサにします。エサが動物だと、その動物もエサが必要です。光合成をおこなう植物はエサを必要とせず、エサとなってすべての動物を支えます。そして、生き物が手に入れる栄養の多くは、活動のためのエネルギーとして使われ、なくなります。このため、植物、草食動物、肉食動物の順に手に入る栄養が少なくなります。またふつう、それぞれの全体の重さや数も、この順に減っていきます。このような自然の型を「生態系ピラミッド」と呼びます。

肉食動物のなかには、草食動物を食べてくらすほかの肉食動物をエサにするものもいます。このような動物は、植物を１段階目とする「食う食われるのつながり」の中で、４段階目にいることになります。このつながりは多くの場所で５段階程度にとどまります。これ以上になると、動物の数が少なくなりすぎるからです。

*生態系：ある場所に住むすべての生き物と環境をひとまとめにしたもの

トップダウンコントロール
（イエローストーン国立公園の例）

オオカミを放す前

シカをねらうオオカミがいなくなったことで、増えすぎたシカが草や木の皮を食べ、川はばが広い荒れた環境になっていた

オオカミを放した後

シカが自由にエサを食べることができなくなり、草木がしげってさまざまな動物がくらせる環境がもどった。このような肉食動物のはたらきを「トップダウンコントロール」という

生態系を守るために

肉食動物は、草食動物を食べることで、その数をおさえるはたらきを持っています。そして、草食動物が増えないことで植物の緑が保たれ、ほかの動物たちもその恩恵を受けるのです。

アメリカのイエローストーン国立公園では、シカが増えすぎてこわれた生態系を元にもどすため、いなくなっていたオオカミを別の場所から運んできて放す活動が成功しています。

また、アメリカ太平洋岸の海岸では、ヒトデがいないと二枚貝のイガイが増えて岩場をおおいつくします。しかし、ヒトデがいるとイガイが食べられ、フジツボやカメノテなど多くの種類の生き物がくらすことができます。

これらのオオカミやヒトデのように、エサ以外の生き物にも広く影響をあたえる動物のことを「キーストーン*捕食者」といいます。

*キーストーン：石で組んだアーチなどの要となる石のこと。失われると全体がくずれてしまう

持ちつ持たれつ

生き物の間には、おたがいが生きていくための
持ちつ持たれつの関係があります。

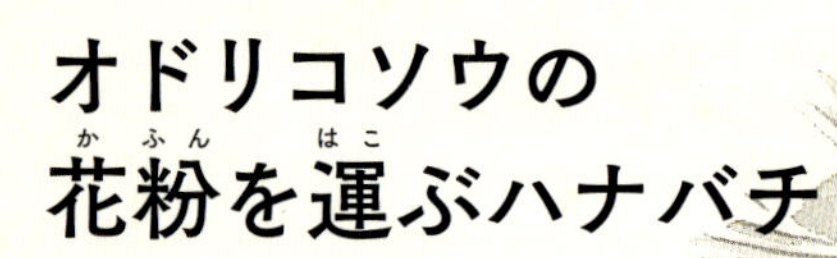

オドリコソウの花粉を運ぶハナバチ

花粉はハナバチによって運ばれ、別のオドリコソウのめしべに受粉する

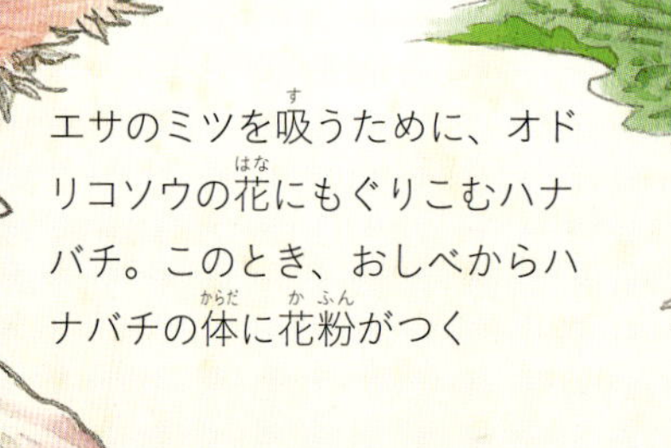

エサのミツを吸うために、オドリコソウの花にもぐりこむハナバチ。このとき、おしべからハナバチの体に花粉がつく

オドリコソウ

植物と動物の相利共生

生き物がくらすために、同じエサなどを必要とするとき、別の種類の生き物でも競争がおきます。一方、２種類の生き物の間で必要なものがちがっていて、それぞれにとって不要なものが相手にとって必要な場合があります。また、それぞれにとって得意なことが相手の不得意なことである場合もあります。こういうときは、種類がちがっていても共にくらせばおたがいにとって得になります。これを「相利共生」といいます。

代表的な相利共生は、植物と動物の間に見られます。自分で栄養をつくることは得意だけれど、動きまわることができない植物は、移動能力が高いけれど、ほかから栄養を取らないと生きていけない動物に、花粉や種子を運んでもらっています。

動物による植物の種子散布

イイギリの実を食べるヒヨドリ

熱帯アジアの鳥は赤と黒の色を好む。赤や黒い色の果実が多いのは、鳥に食べられるための進化かもしれない

ジャックフルーツの果実を運ぶゾウ

南アジア原産で、大きなものは50キログラムにもなるジャックフルーツは、ゾウのような動物にしか運べない

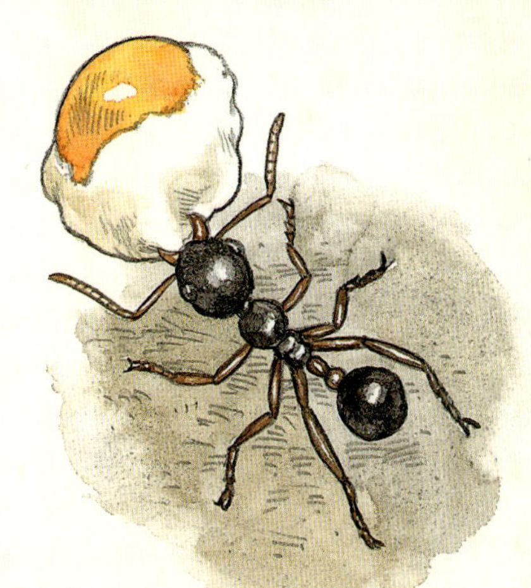

オオバナノエンレイソウの種子を運ぶアリ

エライオソームというあまいゼリー状の物質が種子をつつんでいる。アリは種子ごと巣に運び、エライオソームだけ食べ、残った種子はすてる

ハゼとテッポウエビの共生

テッポウエビが砂地にほった巣穴にハゼは同居し、かわりに巣の外で天敵を見張る

アブラムシの細胞

細胞核

ブフネラ

細胞内共生

アブラムシの細胞の中には、ブフネラという細菌が住んでおり、タンパク質の原料であるアミノ酸をおたがいに交換している

相利共生のしくみ

植物にとって子である種子は、何もしなければ母樹の下に落ちます。そこで芽が出ても、上では母樹が葉を広げているので、子は大きくなれません。もし大きくなれたとしても、今度は母樹に悪影響がでます。そこで植物は、種子を遠くへ運ぼうとします。種子をふくむ果実は、動物にエサをあたえるかわりに種子を運んでもらうためのしくみなのです。果実を食べた動物のフンには、消化できなかった種子が見つかります。

動物のなかには、ほかの動物や微生物と相利共生でつながる例も知られています。相利共生によるつながりが強くなると、相手がいないと自分も生きていけなくなります。生き物を絶滅から守りたければ、相利共生の相手も共に守る必要があるのです。

分解者のはたらき

この地球が動物の死がいやフンでおおいつくされないのは、
分解者のはたらきがあるからです。

分解のながれ

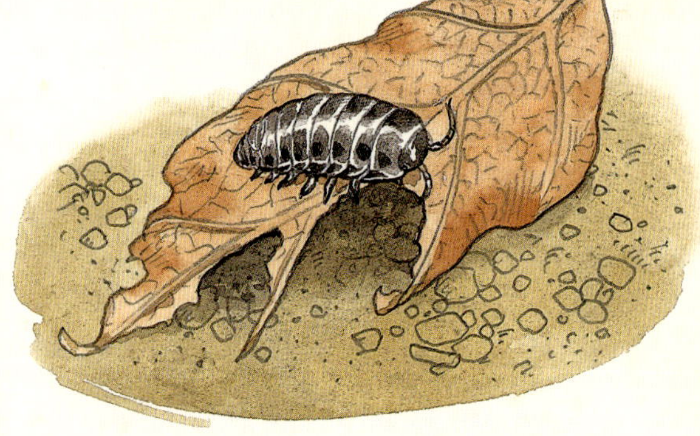
地表の落ち葉を食べるダンゴムシ

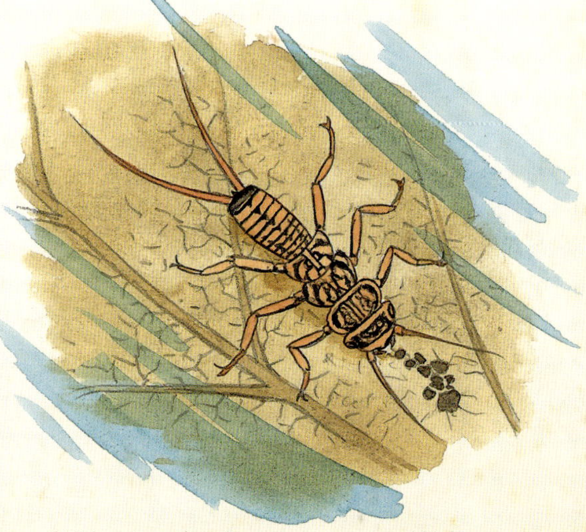
水中の落ち葉を食べるカワゲラの幼虫

死がいやフンが栄養源

エサとして食べられなくても、動物はすべて寿命がくると死にます。また、生きていくなかで、フンも出します。しかし、動物の死がいやフンで、地球がおおいつくされることはありません。なぜならば、これらを栄養源とする生き物がいるからです。

このような生き物を分解者と呼びます。植物が光合成で生産したもののうち、生きたかたちで草食動物に食べられるのは一部にすぎません。多くは、かれた木や枝、落ち葉のような死んだかたちで分解者によって利用されます。私たちに身近な分解者には、落ち葉をエサにするダンゴムシやカワゲラの幼虫などがいます。

モグラの死がいを食べるオオヒラタシデムシ。子に肉だんごをあたえて育てる種類のシデムシもいる

フン球をつくるミヤマダイコクコガネ。メスは地中にフンを集めたフン球をつくり産卵する。フン球は産まれた幼虫のエサになる

菌類に分解されている木の切り株などから、キノコは生える

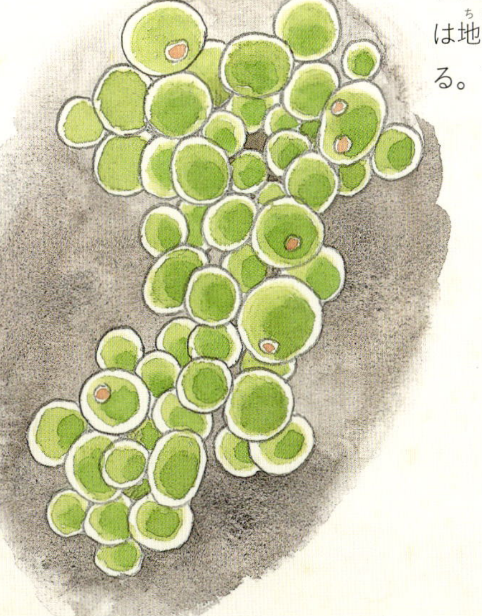

酵母は１つの細胞で生きていくことができる菌類の仲間。環境中のいたるところに存在して、いろいろなものを分解する

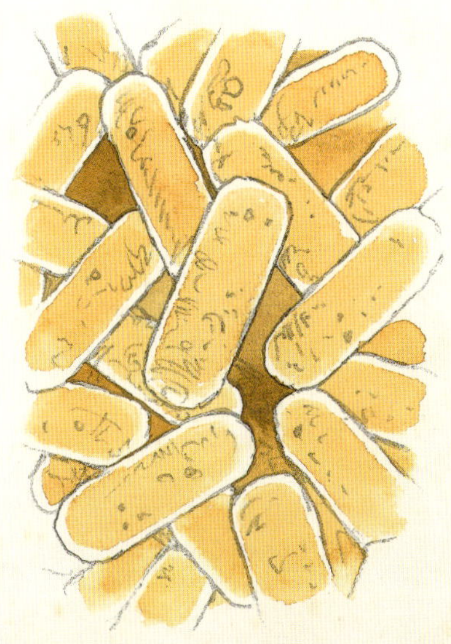

納豆菌は枯草菌という細菌の一種。納豆菌の分解能力は、うま味の元であるアミノ酸をつくるために利用されている

地球環境を支える分解者

植物が生きていくには、土から養分を手に入れる必要があります。一方植物は、生き物の体をつくる複雑な物質のほとんどを、そのままのかたちでは吸収できません。これを単純な物質に変えて植物が吸収できるようにすることが、分解者の重要なはたらきです。分解者がいないと植物も動物も生きていけなくなるのです。

分解者には、落ち葉などを細かくくだいたり、動物の死がいやフンをエサにして分解したりする昆虫などや、複雑な物質を単純な物質に変える役割の主役である菌類と細菌がいます。

目立つことのない昆虫や、ほとんど私たちの眼では見えない菌類と細菌ですが、かれらがこの地球環境を支えているのです。

生態系エンジニア

ほかの種類の生き物がくらす場所に影響をおよぼす生き物を、
生態系エンジニアと呼びます。

ビーバーのつくったダム湖には、さまざまな生き物がくらす

生態系エンジニアの代表選手

生き物のなかには、ほかの種類の生き物の数に影響するだけではなく、生き物がくらす場所（生息地）に影響をおよぼすものがいます。このような生き物を「生態系エンジニア」と呼びます。北アメリカやヨーロッパからアジアにかけて生息するビーバーは、木をたおして川をせき止め、ダムをつくり、そのダム湖の中に安全な巣をつくります。そして、ダム湖には多くの生き物が住みつくようになります。このことから、ビーバーは生態系エンジニアの代表選手と呼ばれます。

また、ウミガメやアリアカシアのように、ほかの動物を体の上に住まわせる生き物は、ただ生きているだけで生息地をつくり出す生態系エンジニアです。

木の幹に巣穴をほるアカゲラ

アカゲラの巣穴から顔を出すモモンガ

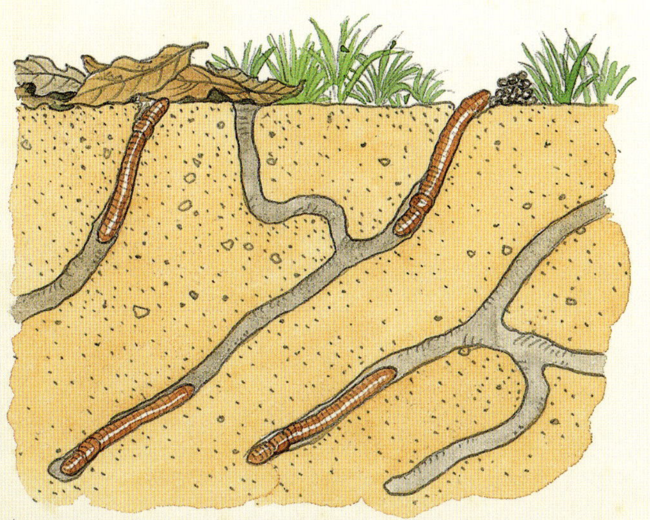
土をふかふかにするミミズのフン。ダーウィン*によると、ミミズがいる場所では、土が1年に5～6ミリメートル厚くなる

外来種のアメリカザリガニは、クロモなどの水草を食べ、メダカやトンボの産卵場所を失わせる

さまざまな生態系エンジニア

巣づくりする動物も生態系エンジニアです。巣はほかの種類の動物に利用されることが多いからです。また、巣をつくらなくても、まわりの環境に影響する動物もいます。たとえば、ミミズは栄養をふくんだ土を食べながら地中を進み、つぶ状のフンをします。こうして適当にすき間ができた土はふかふかになり、微生物も豊富になります。そして、このような土では植物が成長しやすくなります。

生態系エンジニアは必ずしも生息地をつくり出すとは限りません。生息地をこわして、ほかの生き物を住めなくさせる場合もあります。

そして最近では、都市を生息地にする動物も増えています。つまり、私たちヒトも生態系エンジニアの1種なのです。

*ダーウィン：チャールズ・ダーウィン（1809～1882年）は、『種の起源』で生物進化の理論を発表したイギリスの自然科学者

さくいん

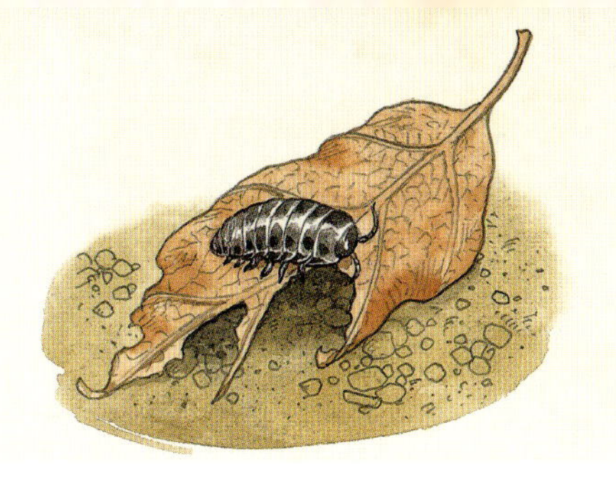

※赤文字の用語は、赤数字のページに＊で説明を補っています。

著者

中田 兼介（なかた けんすけ）

1967年大阪府生まれ。京都大学大学院理学研究科修了、博士（理学）。日本学術振興会特別研究員、長崎総合科学大学講師、東京経済大学准教授などを経て、現在、京都女子大学現代社会学部教授、日本動物行動学会所属。専門は動物行動学、生態学。

イラスト（p.6〜7、p.16〜17、p.28〜29）

イラスト制作工房『s-s-i』

土屋 勝敬（つちや かつゆき）

多摩美術大学美術学部絵画学科油画専攻卒業。スタジオBC退社後、フリー。

野尻 由起子（のじり ゆきこ）

東京芸術大学美術学部デザイン科卒業。「デザインフォーラム'85」金賞受賞。西川産業企画室退社後、フリー。

イラスト（p.8〜15、p.18〜27、p.30〜37、うしろ見返し）

角 愼作（すみ しんさく）

1956年岡山県生まれ。大阪芸術大学中退後、土木設計事務所勤務を経て、フリーイラストレーターとなる。水彩、鉛筆、ペン、油絵などで、手描きタッチをいかしたイラストを制作。

イラスト（p.3・前見返し）

関上 絵美（せきがみ えみ）

東京都在住。立教大学卒業。リアルイラストからキャラクターまで幅広い作風をもち、各種雑誌・書籍・広告・パッケージなど多方面にわたってイラストの制作を手がけている。二科展イラスト部門受賞歴あり。

企画・編集・デザイン

ジーグレイプ株式会社

この本の情報は、2016年7月現在のものです。

びっくり！ おどろき！ 動物まるごと大図鑑
①動物のふしぎなくらし

2016年9月10日 初版第1刷発行 〈検印省略〉

定価はカバーに
表示しています

著者 中田兼介
発行者 杉田啓三
印刷者 田中雅博

発行所 株式会社 ミネルヴァ書房
607-8494 京都市山科区日ノ岡堤谷町1
電話 075-581-5191／振替 01020-0-8076

印刷・製本 創栄図書印刷

ISBN978-4-623-07808-0
NDC480/40P/27cm
Printed in Japan

動物の生態や消化のしくみをウンコから学ぶ

1. 草食動物はどんなウンコ？
2. 肉食動物はどんなウンコ？
3. 雑食動物はどんなウンコ？

27cm　40ページ　NDC480　オールカラー　対象：小学校中学年以上

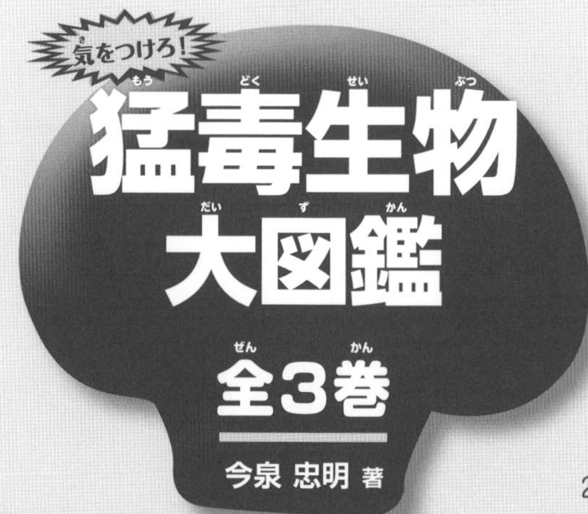

山や森、海や川、家やまちにいる
猛毒生物がよくわかる！

① 山や森などにすむ　猛毒生物のひみつ
② 海や川のなかの　猛毒生物のふしぎ
③ 家やまちにひそむ　猛毒生物のなぞ

27cm　40ページ　NDC480　オールカラー　対象：小学校中学年以上

動物のふしぎなくらしを見に行こう

本書では、私たちの身近なところで観察できる動物たちを多く解説・紹介しています。なかでも、見つけやすい動物たちをここに紹介しますので、「動物のふしぎなくらし」を観察してみてください。

なお、観察に行くときは子どもだけで行かずに、かならず、保護者の方や先生と一緒に行くようにしてください。

家のまわりや公園などで観察できる動物

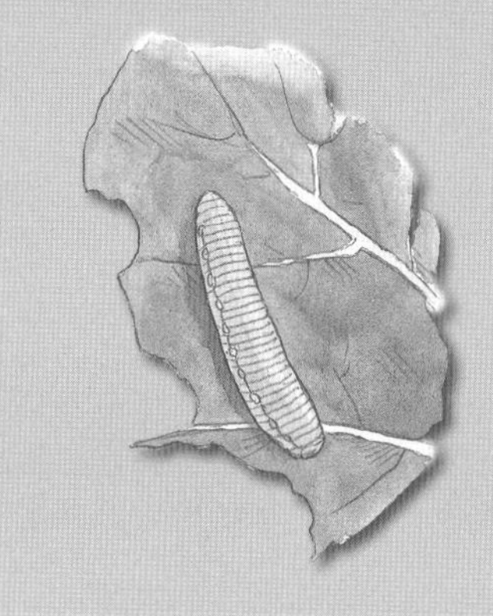

モンシロチョウの幼虫 →p.9

日本全国に分布。春から秋にかけて、キャベツなどアブラナ科の植物の葉を食べる

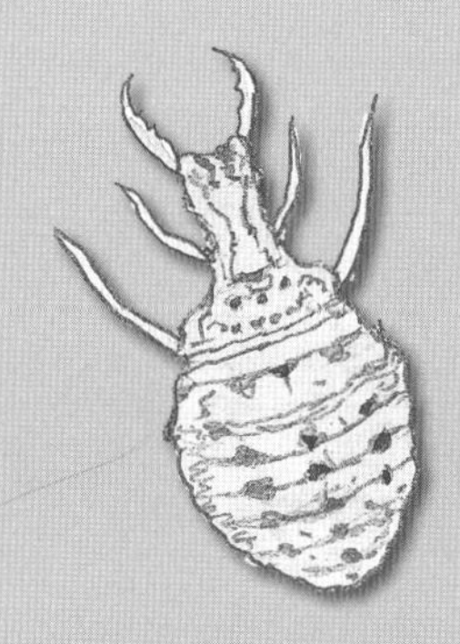

アリジゴク →p.15

日本全国に分布。雨のかからない民家の軒下などのさらさらした砂地に生息する。初夏から秋に成虫（ウスバカゲロウ）になる

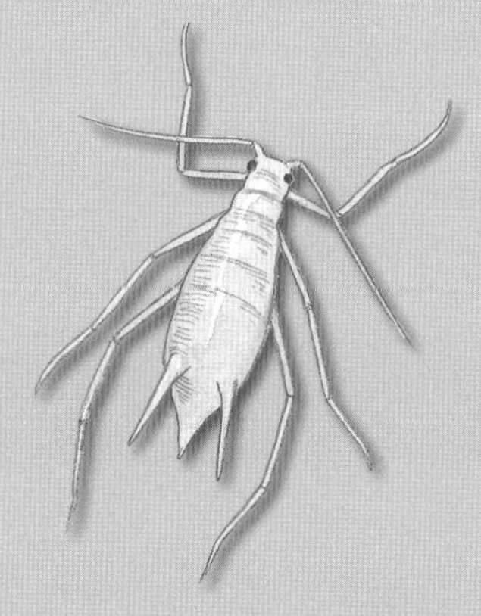

アブラムシ →p.7,33

日本全国に分布。住みつく植物によってアブラムシの種類が異なり、体色もさまざま。アブラムシが出すあまいミツをアリにあたえて、天敵のテントウムシを追いはらってもらう

アリ（クロオオアリ） →p.24

南西諸島以外の日本全国に分布。新女王アリとオスアリの「結婚飛行」は、5～6月の雨が降ったあとのよく晴れた風の弱い日の夕方に、巣の近くで観察できる

ヒヨドリ →p.33

日本全国に分布。里山や公園など、木のある環境に多く生息する

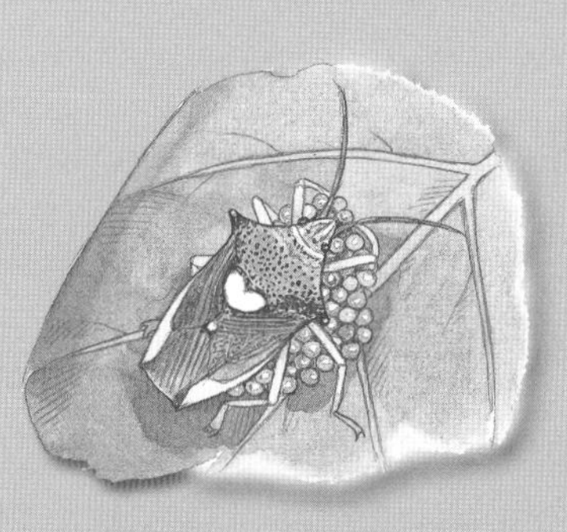

エサキモンキツノカメムシ →p.23

日本全国に分布。春から秋にかけて、公園のミズキの葉などで見られる

ダンゴムシ →p.34

日本全国に分布。公園や民家のまわりでよく見かけるオカダンゴムシは、海外から来た外来生物と考えられる